传说中，有一个大会，
每隔100万年，就要举办一次。

传说在这个大会上，
会有许许多多的动物来参加，
有的是已经灭绝的动物，
有的是现在的动物。

到底是什么样的大会呢？
要不我们悄悄地过去看一看？

# 灭绝动物大会

## 超有趣的动物演化史

［日］今泉忠明　丸山贵史◉审订
［日］佐藤真规◉著　［日］茄子味噌炒　植竹阳子◉绘
李建云◉译



北京联合出版公司
Beijing United Publishing Co.,Ltd.

# 灭绝动物

大家好！

今天，非常感谢各位千里迢迢

来到这里参加盛会！

100万年一次的

“灭绝动物自夸大会”

开——幕——了！

今天的主角是：

由于各种各样的原因，

很遗憾地灭绝了的动物朋友们！

就盼着早点开场呢！

噼里啪啦

噼里啪啦

# 自夸大会

它们要向今天的动物朋友们，

好好地夸一夸自己呢！

那么，就请从远古时代的动物开始，

按照顺序尽情地夸一夸自己，夸个痛快吧！

听了它们的自夸故事以后，

我们也许不知不觉就能了解

动物演化的历史了。

真是太棒了，对吧！

好了，话不多说，请上台——

激动！

好激动，心怦怦直跳！

咻溜……

各位，你们好——！

我，来自前寒武纪的狄更逊水母，先来自夸一番！

我了不起的地方是——

**块头变得非——常、非——常大！**

没错，就是大块头！

大家好好看看，我可是有1米长呢！

哇——！

块头还真是大呀～

小知识 据说，狄更逊水母可能像植物一样，利用太阳光来制造营养。

前寒武纪

狄更逊水母

在前寒武纪时期的地球上——

全都是小得看都看不见的生物，

但是，我，演化了！

而且，我，成为这个时期

块头最大的动物！

厉害啊～

光灿灿

光灿灿

# 猎物，哪——里逃！

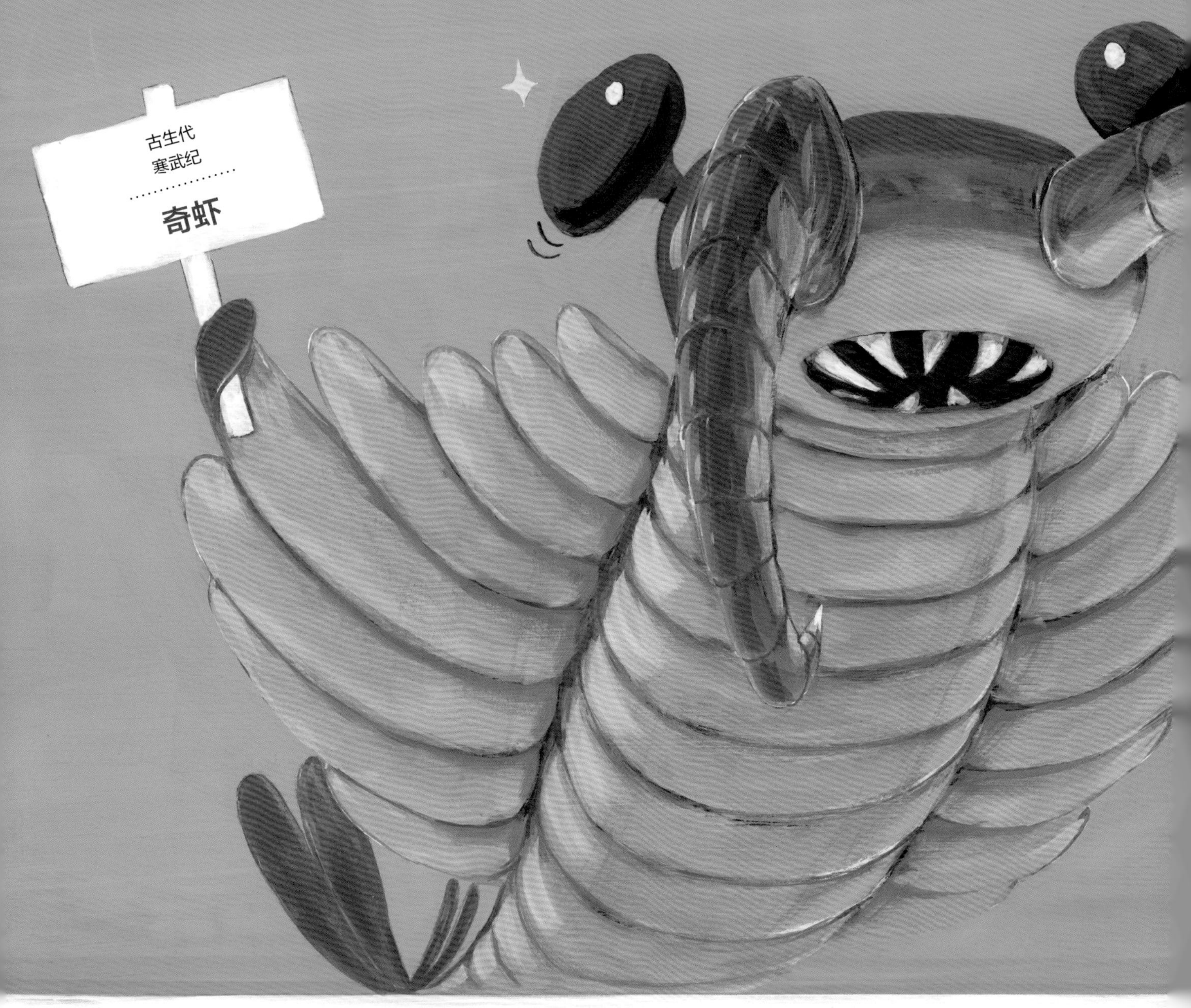

奇虾和虾、昆虫一样是节肢动物。

时代变了，来到了古生代。

我叫奇虾！

看过来！看过来！

告诉你们，这回厉害了！

**我们拥有了眼睛！**

以前的动物可是没有眼睛的！

奇虾的猎物
哈氏虫

我看见了……看见了，

大海里的景色！

还有海底动来动去的猎物！

所以我……我扇动鳍

游过去，靠近，

→

张嘴一口

吃掉猎物！

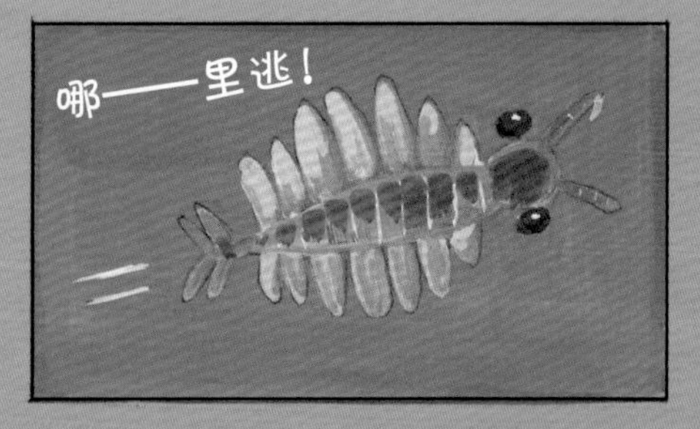

啊呜啊呜，啊呜啊呜！

**嗯——真好吃！**

这下猎物想吃多少吃多少！

**我终于成为**

**寒武纪的王者！**

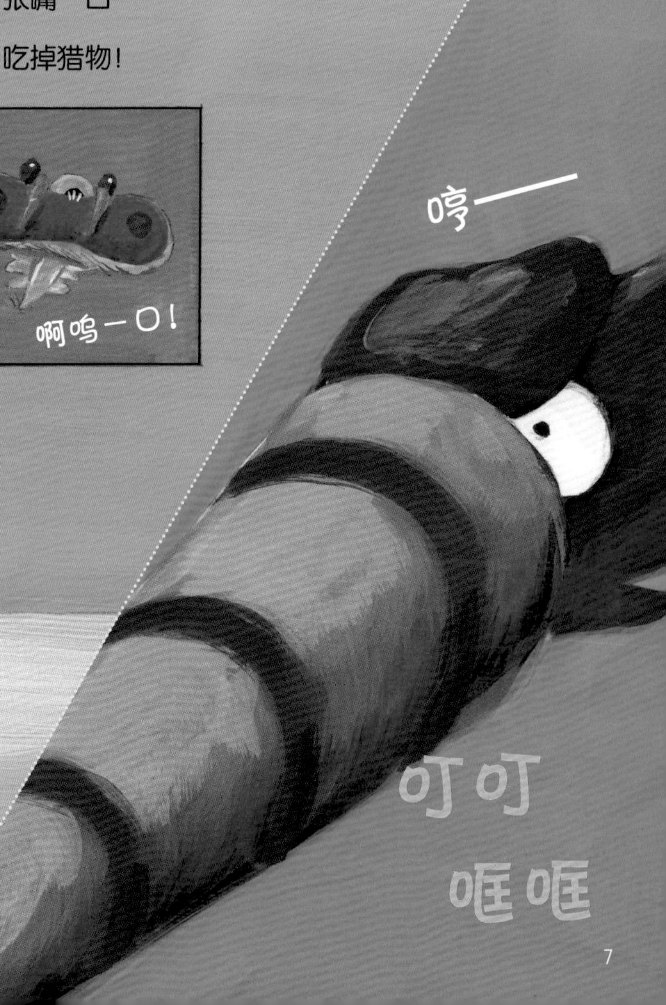

# 壳壳壳，壳的好处说

可算轮到我
房角石上台了。
我要夸一夸的
是我的壳。

首先，
**我的这个壳长得不得了。**
**有8米长呢！**

小知识 其实，房角石那长长的壳里基本上都是空的。

# 不完！

因为壳有很多种，一家一个样。

时代在发展，

越来越多的动物靠吃猎物活着，

所以，大海里越来越危险。

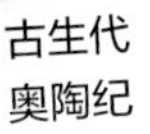

不过，只要壳够硬，

就不容易被吃掉。

因为壳能保护身体。

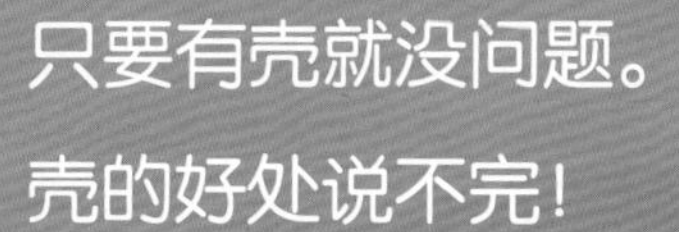

只要有壳就没问题。

壳的好处说不完！

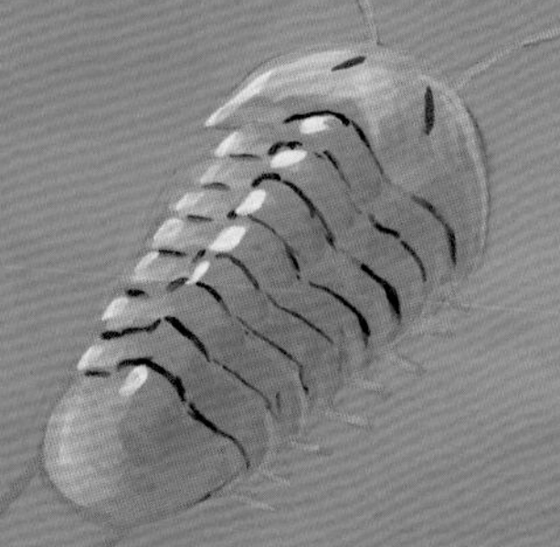

了不起！

真是宝壳啊！

# 很久很久以前的下巴

我就是邓氏鱼，邓氏鱼就是我！

3.8亿年前！

我——变成了

天下无敌的鱼！

我的下巴，无坚不摧。

巨大的猎物也好，坚硬的猎物也好，

只要我用这下巴猛地一口咬住，嘁里咔嚓，三下两下就能吞下肚！

大约在4亿年前的志留纪，地球上才出现拥有下巴（下颌）的鱼类。

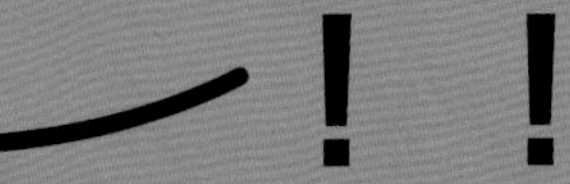

还——有，我的
脊椎也很厉害。

背上长骨头这一点很要紧，
骨头上长了肌肉，
就能游得飞快。
身体有了脊椎做中轴，
也就能越长越大，越长越强壮啦！

怎么样，是不是觉得好极了？

# 天朗朗～气清清～♪

哆来咪发嗦啦西哆♪

巨脉蜻蜓放声把歌唱♪

古生代
石炭纪
巨脉蜻蜓

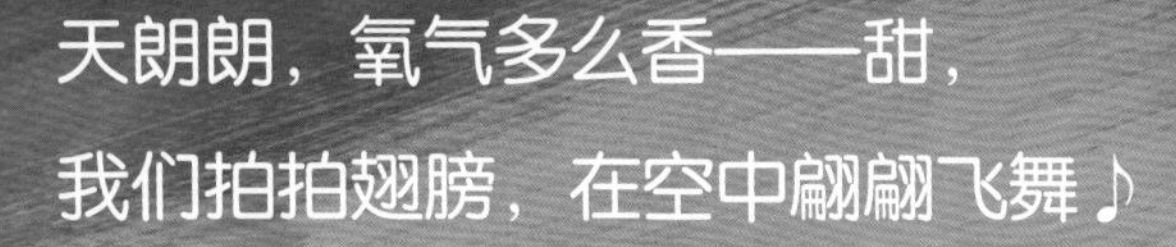

天朗朗，氧气多么香——甜，

我们拍拍翅膀，在空中翩翩飞舞♪

以前，动物一直生活在海里，

有一天，动物爬上了陆地♪

巨脉蜻蜓虽然长得像蜻蜓，但它们并不是蜻蜓，而是蜻蜓的近亲。

陆地这么热，氧气这么浓，

蕨类植物，尽情生长，在风中沙沙响。

浓浓的氧气吸个饱，

我们的身体越长越大了♪

天朗朗，氧气多么香——甜，

乘风飞翔，别问我心情舒不舒畅！

在这个时代，

能飞上天的，只有昆虫！

这两对翅膀，就问你们羡慕不羡慕♪

# 多么渴望太阳啊！

我叫长棘龙！

二叠纪，地球变得寒冷极了，

**体温一下降，**

身体就不能动弹。

小知识 长棘龙又叫两异齿龙，意思是，它有两种不同的牙齿。

不过……我有一个秘密！

我背上有一张大大的“帆”，

让它沐浴在早晨的阳光中，全身暖洋洋，

体温上升，身体就能活动啦！

多么渴望晒足日光浴，

暖好身子去捕猎啊！

古生代
二叠纪

长棘龙

暖洋洋～

好厉害的神器！

好羡慕啊～

轰隆隆

怎么啦

轰隆隆……

# 轰隆隆轰隆隆隆　大灭绝！

接下来不是自夸的内容，是想请各位也听一听大灭绝的景象。

二叠纪末期，

地球变得炎热无比！

小知识 这次灭绝是地球历史上规模最大的一次灭绝事件。

火山一座接一座地喷发，
空气中，氧气越来越稀薄！
二氧化碳和甲烷的含量越来越高，
这样的话，气都喘不过来啦！

## 一千万年的时间过去，
## 生物从陆地上、海洋里消失了。

这就是二叠纪末期的大灭绝。

古生代到这里结束！
轰隆隆轰隆隆隆，把什么都轰没啦！！！

嗒嗒嗒嗒嗒嗒

# 灵活就是快活！

嗒嗒嗒嗒嗒嗒嗒，时代的脚步来到了中生代。

这时候，我们始盗龙登场！

大灭绝让生物几乎完全消失，

那么，崭新的陆地将会是谁的天下？

中生代
三叠纪
始盗龙

应该也有恐龙在更加古老的时代生存过，但是没有发现化石。

答案是——最古老的恐龙，
我们始盗龙！
我们靠着两条腿走得飞快！
即使氧气含量低也能生存！
灵活就是快活！
和竞争对手相比，我们更能繁衍子孙后代，
我们还要不断扩大栖息地。
爬行类的繁衍生息才刚刚开始，
嗒嗒嗒嗒嗒嗒嗒，始盗龙加油！
恐龙的竞争对手们
属于鳄鱼家族的
法索拉鳄
恐龙不是
我们的对手
合弓类
水龙兽
唰——
接下来会变成什么样？
啪嚓

# 爬行类欢快畅行！

哈哈哈！

中生代，

地球成了我们爬行类的天下！

哇哈哈！

天空、陆地、海洋，

满是爬行类！

天空中，
翼龙欢快畅行！

陆地上，
恐龙欢快畅行！

马门溪龙

鱼龙



小知识

据说喙嘴龙那长长的尾巴是用来在空中保持平衡的。

中生代
侏罗纪

**喙嘴龙**

因为在中生代，
地球成了爬行类的星球！

剑龙

海洋里，鱼龙欢快畅行！

终于轮到
本大王
出场啦！

嗷——！

中生代
白垩纪
霸王龙

三角龙

小知识

据说，霸王龙那又短又小的前肢也许是用来帮助它站稳的。

都给我听着！

我就是——霸王龙！

我爸我妈说了，

**要变大，要变强！**

**大就是强，强就是大！**

都给我看着！

我这身体，长达12米，

我力大无比，连三角龙也能杀死。

**大果然就是强，**

**强果然就是大。**

我就是——！地球的霸王——！

咣——！



小知识

那时候的陨石落在了墨西哥。

# 大灭绝启动——！

都给我听着！我要讲灭绝事件啦！

白垩纪末期，发生了一起大事件。

陨石撞击了地球！

地面扬起的尘埃遮盖了天空，

地球一片漆黑。

植物——干枯，

吃植物的恐龙死了！

猎物——消失，

我们食肉恐龙也死了！

咣——！

这就是——大灭绝！

灭亡就在一瞬间。

中生代，

就这样完蛋啦——！

# 机会来，跳起来！

时代的脚步来到了新生代，

这就轮到我这个主持人出场了。

作为哺乳类的代表，

我要一边跳舞，一边夸一夸我们哺乳类！

机会来了！陆地上的统治者——

恐龙灭绝啦！

机会来了！广阔的陆地将会是——

谁的天下？

答案是——我们哺乳类。

我们很早以前就存在了，不过一直躲避着恐龙，只敢在夜间悄悄地活动。

机会来了！我们早就盼着这一天的到来！

哺乳类生活在地上、水中、土里等地球上的所有地方。

幸运！哺乳类的

队伍越来越壮大！

幸运！哺乳类的

体形越来越庞大！

幸运！

哺乳类

也开始在海里生活！

幸运！哺乳类的地位实现大逆转。

我们一直期盼着这一天的到来！

东瞧瞧

西看看

# 笔直地站起来了！

最后上来讲话的是我，

南方古猿。

我们也是哺乳类，

而且，

是人类的祖先。

我们生活的草原，

敌人能够一览无余，

是个很恐怖的地方，

所以，

我们笔直地站起来了！

**一站起来，**

**个头就变高了！**

就不容易遭到别的动物袭击，

也能发现远处的猎物了！

南方古猿的脑容量比黑猩猩稍微大一点。

## 一站起来，头脑也变聪明了！

因为手可以自由活动，

所以，也能够灵巧地使用工具了。

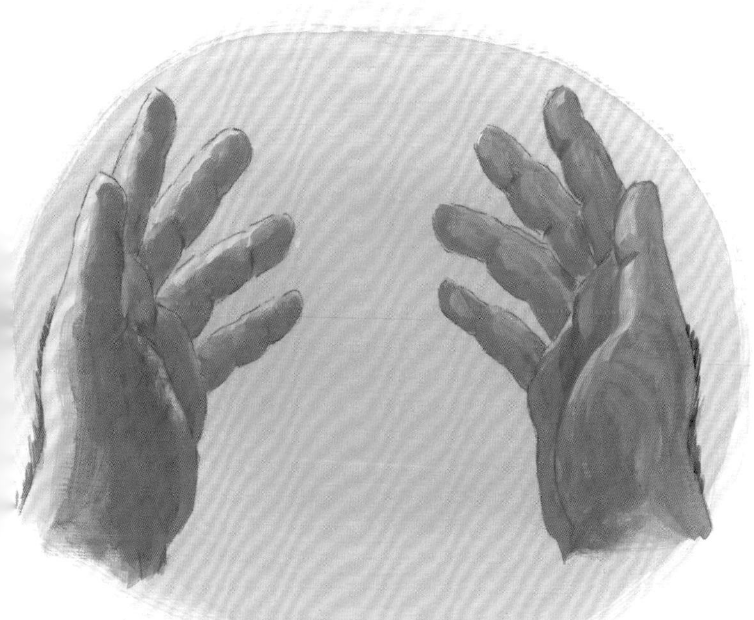

后来，

新人类一批接一批出现，

旧人类一批接一批灭亡。

就这样，经过漫长的时间，

演化成为现在的人类！

哎呀，虽然很想听更多的自夸故事，

但是很遗憾，

“灭绝动物自夸大会”已经到了该结束的时间了！

各位灭绝动物朋友身上真的是

有许多了不起的地方啊！

了不起的动物出现了又灭绝，

然后又有了不起的动物出现，

然后又灭绝，反反复复，

才有了现在的动物啊！

好嘞！

各位灭绝动物朋友，

请再一次来到演讲台上！

各位灭绝动物朋友，
谢谢你们今天带来
这么有趣的故事——！！

那么，最后，

大家一起来拍照留念吧！！

咔嚓

请大家在回去的路上注意安全！

100万年以后再见啰！

哎呀——

今天真是太开心啦！

不知道下一次

能听到哪些动物的自夸故事呢？

真的好期待啊！

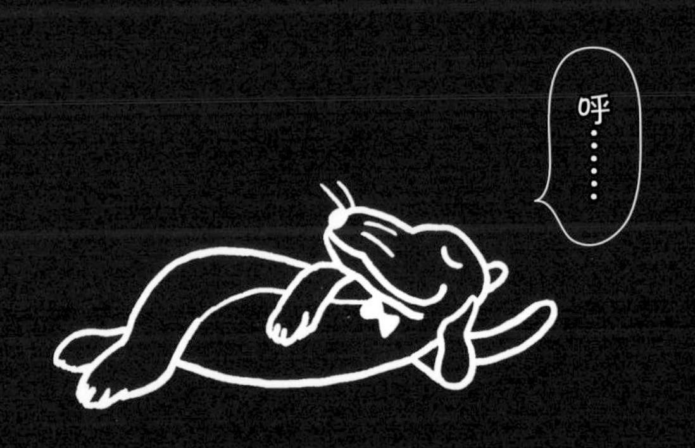


休息，休息一会儿。

接下来是附录 ——→

# 灭绝动物图鉴

这本绘本里出现的动物的基本数据一目了然！

| 长度单位 | cm | 厘米 |
| --- | --- | --- |
| | m | 米 |

1cm 大约有这么长。
1m 等于 100cm。

1cm

## 狄更逊水母

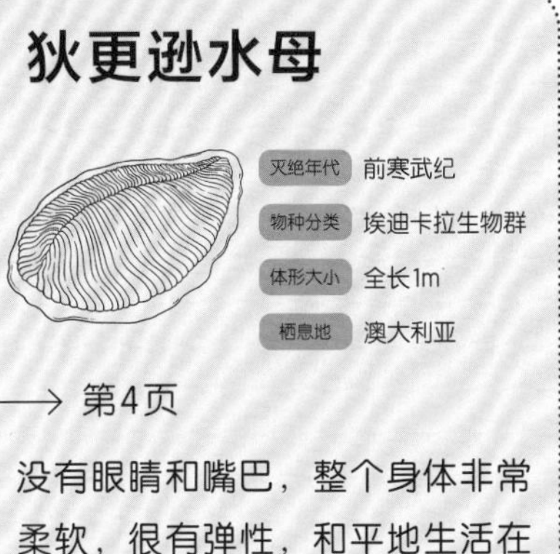

- 灭绝年代　前寒武纪
- 物种分类　埃迪卡拉生物群
- 体形大小　全长1m
- 栖息地　澳大利亚

→ 第4页

没有眼睛和嘴巴，整个身体非常柔软，很有弹性，和平地生活在海底。

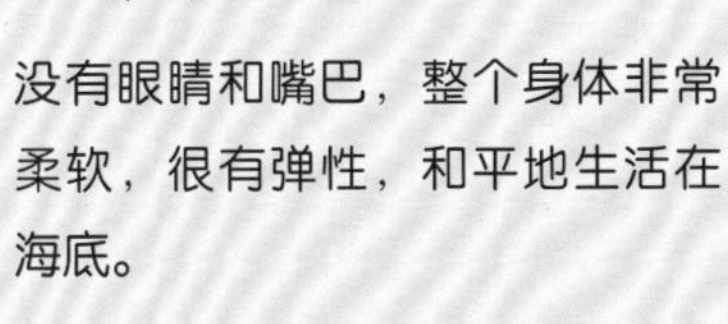

## 奇虾

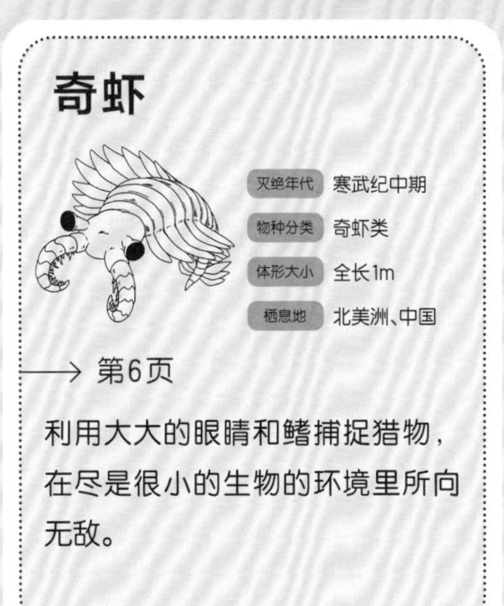

- 灭绝年代　寒武纪中期
- 物种分类　奇虾类
- 体形大小　全长1m
- 栖息地　北美洲、中国

→ 第6页

利用大大的眼睛和鳍捕捉猎物，在尽是很小的生物的环境里所向无敌。

## 哈氏虫

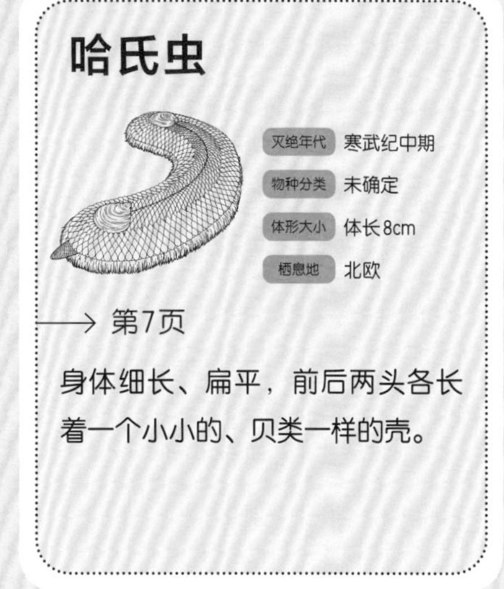

- 灭绝年代　寒武纪中期
- 物种分类　未确定
- 体形大小　体长8cm
- 栖息地　北欧

→ 第7页

身体细长、扁平，前后两头各长着一个小小的、贝类一样的壳。

## 房角石

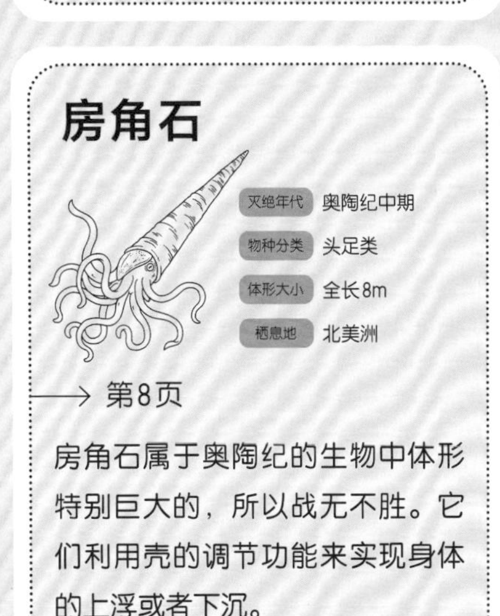

- 灭绝年代　奥陶纪中期
- 物种分类　头足类
- 体形大小　全长8m
- 栖息地　北美洲

→ 第8页

房角石属于奥陶纪的生物中体形特别巨大的，所以战无不胜。它们利用壳的调节功能来实现身体的上浮或者下沉。

## 三叶虫

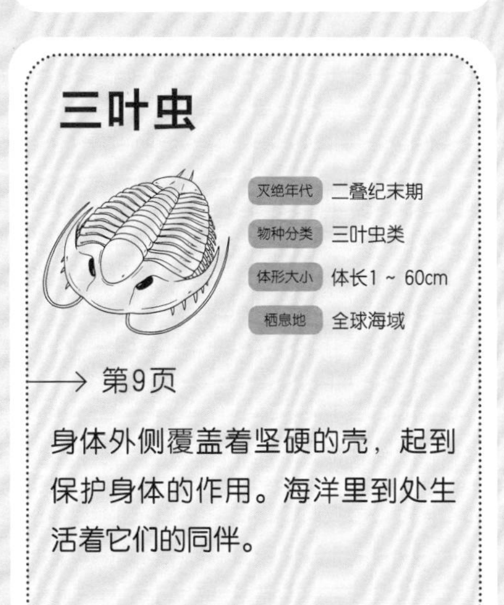

- 灭绝年代　二叠纪末期
- 物种分类　三叶虫类
- 体形大小　体长1 ~ 60cm
- 栖息地　全球海域

→ 第9页

身体外侧覆盖着坚硬的壳，起到保护身体的作用。海洋里到处生活着它们的同伴。

## 邓氏鱼

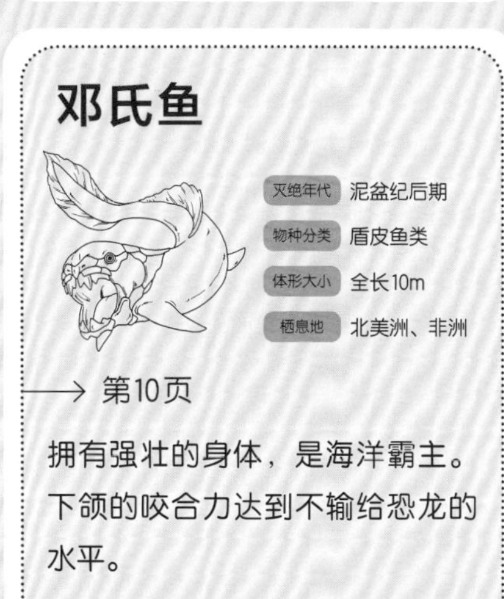

- 灭绝年代　泥盆纪后期
- 物种分类　盾皮鱼类
- 体形大小　全长10m
- 栖息地　北美洲、非洲

→ 第10页

拥有强壮的身体，是海洋霸主。下颌的咬合力达到不输给恐龙的水平。

## 裂口鲨

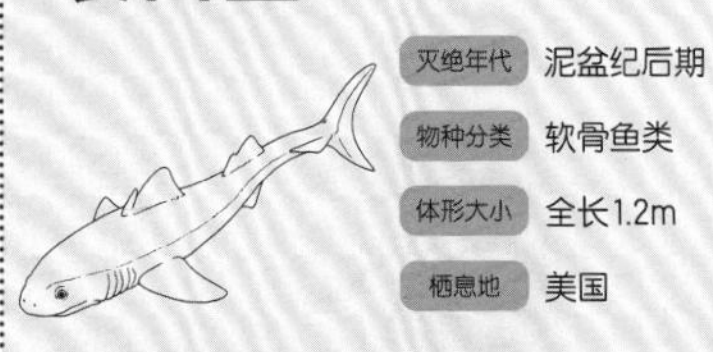

灭绝年代 泥盆纪后期
物种分类 软骨鱼类
体形大小 全长1.2m
栖息地 美国

→ 第11页

像鲨鱼一样游得飞快，但是和鲨鱼不一样，似乎是黑线银鲛的近亲。它们捕食鱼类等海洋动物。

## 巨脉蜻蜓

灭绝年代 石炭纪末期
物种分类 昆虫类
体形大小 翼展70cm
栖息地 欧洲

→ 第12页

史上最大的昆虫，长得像蜻蜓，在天上慢悠悠地飞翔，飞不快。

## 长棘龙

灭绝年代 二叠纪前期
物种分类 合弓类
体形大小 全长3m
栖息地 美国

→ 第14页

利用背上壮观的“帆”吸收大量阳光，来使体温上升。

## 始盗龙

灭绝年代 三叠纪后期
物种分类 爬行类
体形大小 全长1m
栖息地 阿根廷

→ 第18页

目前发现的最古老的一种恐龙，靠两条腿轻松地行走。

## 水龙兽

灭绝年代 三叠纪前期
物种分类 合弓类
体形大小 全长1m
栖息地 非洲、欧亚大陆、南极

→ 第19页

它们是演化出后来的哺乳动物的类群，在地下挖洞居住，靠大大的鼻孔呼吸。

## 法索拉鳄

灭绝年代 三叠纪末期
物种分类 爬行类
体形大小 全长10m
栖息地 南美洲

→ 第19页

哪怕氧气稀薄，它们也能照常活动，是捕食恐龙的最强捕食者。

## 喙嘴龙

灭绝年代 侏罗纪后期
物种分类 爬行类
体形大小 翼展1.5m
栖息地 德国

→ 第20页

在海洋上空边飞边用长长的嘴捞食海里的鱼。长长的尾巴很有特点。

## 马门溪龙

灭绝年代 侏罗纪后期
物种分类 爬行类
体形大小 全长35m
栖息地 中国

→ 第20页

属于恐龙当中规模最大的“蜥脚类”的一个类群，也是“蜥脚类”中脖子最长的。

## 鱼龙*

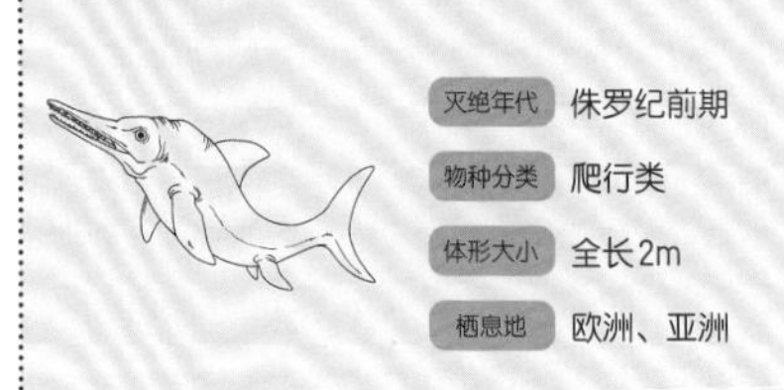

灭绝年代 侏罗纪前期
物种分类 爬行类
体形大小 全长2m
栖息地 欧洲、亚洲

→ 第20页

海洋爬行动物“鱼龙类”的代表，它们的外形长得像海豚一样，在海里游得又快又轻松。

*侏罗纪前期灭绝的这种鱼龙是生活在中生代大多数时期的鱼龙中较为典型的一种，不同于《哎呀，竟然就这样灭绝了：超有趣的动物图鉴》里出现的白垩纪中期灭绝的鱼龙，详情请翻看该书的第9页。——编者注

## 剑龙

灭绝年代 侏罗纪后期
物种分类 爬行类
体形大小 全长9m
栖息地 北美洲、欧亚大陆

→ 第21页

背上的骨板和尾巴上的尖刺是它们的特征。别看它们长得好像很强壮，其实咬合力并不强大。

## 霸王龙

灭绝年代 白垩纪末期
物种分类 爬行类
体形大小 全长12m
栖息地 北美洲

→ 第22页

史上最大的食肉恐龙之一。一旦被它咬住，不管哪种恐龙，全都别想逃脱。

## 三角龙

灭绝年代 白垩纪末期
物种分类 爬行类
体形大小 全长9m
栖息地 北美洲

→ 第22页

头上长角的恐龙——“角龙”的一个类群，靠角质喙撕碎植物进食。

## 无齿翼龙

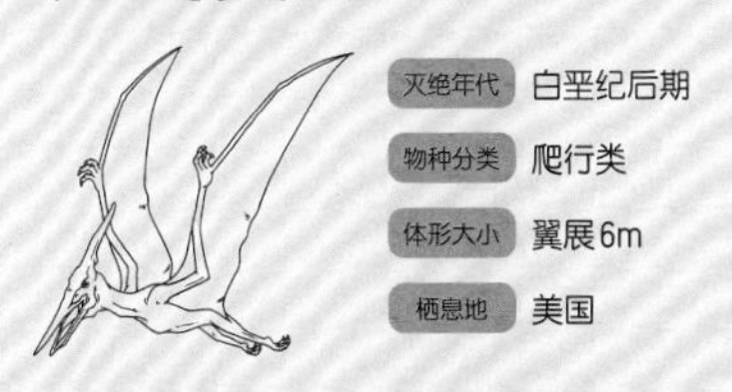

灭绝年代 白垩纪后期
物种分类 爬行类
体形大小 翼展6m
栖息地 美国

→ 第23页

在天空飞翔的爬行类“翼龙”的同伴，后脑勺的“鸡冠”和又细又长的翅膀是它们的特征。

## 沧龙

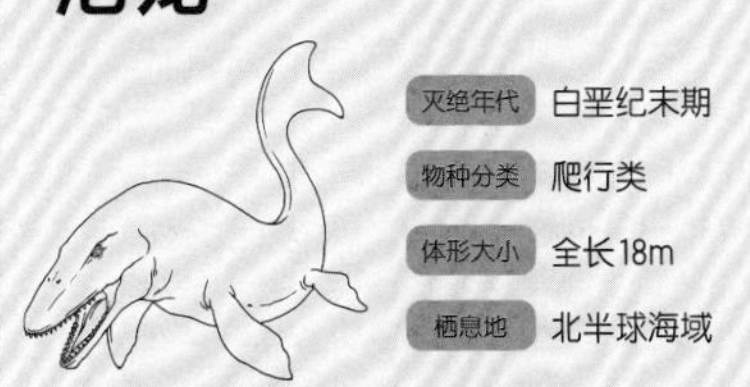

灭绝年代 白垩纪末期
物种分类 爬行类
体形大小 全长18m
栖息地 北半球海域

→ 第23页

靠着极其巨大的身体在白垩纪的海洋里称雄称霸，连鲨鱼和长颈龙都能成为它的食物。

## 上新马

灭绝年代 新近纪
物种分类 哺乳类
体形大小 肩高1m
栖息地 美国

→ 第27页

现代马的前身，习惯在水草丰美的广阔草原上一边来回奔跑，一边吃草。

## 恐象

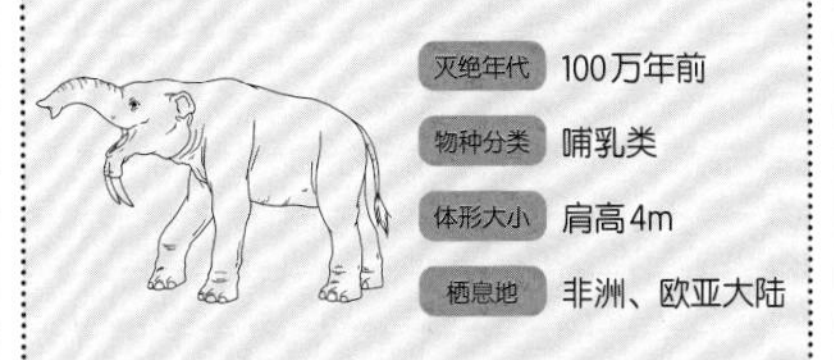

灭绝年代 100万年前
物种分类 哺乳类
体形大小 肩高4m
栖息地 非洲、欧亚大陆

→ 第27页

虽然是象科动物，但是獠牙朝下生长，很有个性。似乎是靠吃树叶来维持生命。

## 龙王鲸

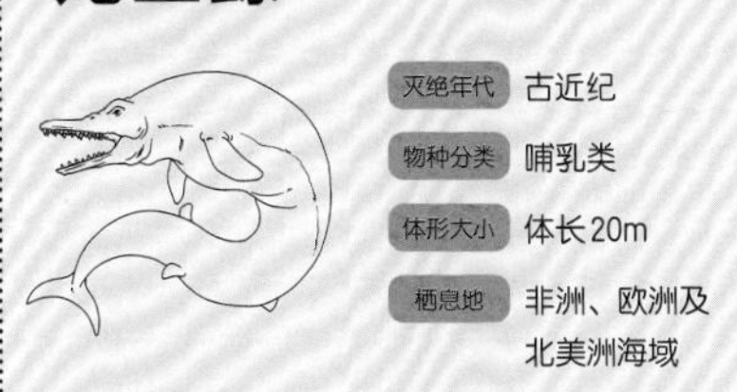

灭绝年代 古近纪
物种分类 哺乳类
体形大小 体长20m
栖息地 非洲、欧洲及北美洲海域

→ 第27页

身体很长，头很小，游动时需要一上一下地扭动长长的身体，是鲸鱼的近亲。

## 南方古猿

灭绝年代 第四纪
物种分类 哺乳类
体形大小 身高130cm
栖息地 非洲

→ 第28页

最早的人类，后背挺直，开始用两条腿行走。吃植物，也吃动物的肉。

这本绘本里出现的

# 有一点难理解的词语

有什么词语不懂的话，就看看这里！

### 地球（dì qiú）

我们现在站着的地面就是地球。从宇宙中看，它的形状是圆的。根据目前了解到的情况，有生物生活的星球就只有地球。

### 演化（yǎn huà）

指的是经过漫长的时间，生物身体的形态和构造发生变化。演化的结果是，有时候生物的种类会变得和原来不同。

### 生命（shēng mìng）

就是性命，生物存活的根源性力量。人们认为地球上拥有生命的生物诞生在大约40亿年前。生命的终结是死亡。

### 生物（shēng wù）

所有拥有生命的都叫作“生物”。狗、蚂蚁、玫瑰花，都是生物。汽车和石头没有生命，所以不是生物。

### 灭绝（miè jué）

指的是这个种类的生物一个不剩地从地球上消失。生命的终结是死亡，“物种”的终结就是灭绝。

### 动物（dòng wù）

生物的一个群体。有很多动物靠吃别的生命活着。动物一般能够自由活动。不只是人、狗等哺乳类，水母、海葵、章鱼、蜗牛、蜈蚣、独角仙、鸟、鱼，等等，也都是动物。

## 【植物（zhí wù）】

生物的一个群体。不吃别的生物，通过吸收太阳光来制造营养。

## 【物种分类（wù zhǒng fēn lèi）】

为了区分生物，把接近的归在同一个群体里。分为哺乳类、爬行类、昆虫类等多种多样的群体。

## 【代（dài）和纪（jì）】

划分地球历史上的时代的单位名称。应该有人看到这本绘本里写的“古生代泥盆纪”或者“中生代侏罗纪”了吧？想知道是怎样划分的吗？请看看书后的《灭绝年表》吧！

## 【氧气（yǎng qì）】

空气中包含的一种成分。动物们在呼吸的时候，吸进氧气，呼出二氧化碳。

## 【二氧化碳（èr yǎng huà tàn）】

空气中包含的一种成分。植物利用二氧化碳、阳光和水制造营养。

## 【甲烷（jiǎ wán）】

空气中包含的一种成分。除了东西腐烂会产生甲烷，火山喷发出的烟雾里也含有甲烷。

## 【火山（huǒ shān）】

地球深处有高温的块状物质，它们从海底或者地面喷涌出来形成了火山。

## 【陨石（yǔn shí）】

飘浮在宇宙中的石块掉落到地球上，就成了陨石。

## 【恐龙（kǒng lóng）】

中生代栖息在地球上的爬行类动物，有的大，有的小。现在的鸟类是幸存下来的恐龙。

## 【人类（rén lèi）】

人科动物的统称。现在正在阅读这本绘本的你也是人类。除了我们，也有人类因为灭绝，从地球上消失了。人类是少有的利用两条腿、挺直身体行走的动物，生活在地球上。

这本绘本里出现的

# 动物的物种分类图鉴

关于“物种分类”，想要了解得更详细的话，就看看这里！

## 埃迪卡拉生物群

这不是动物的物种分类，是栖息在前寒武纪末期埃迪卡拉纪（震旦纪）的生物的统称。

恰尼虫

狄更逊水母
（第4页）

## 奇虾类

古生代初期繁盛一时的食肉动物，是寒武纪最强大的捕食者。

奇虾
（第6页）

## 三叶虫类

古生代繁盛一时的类群。有许多的化石被人们发现，所以人们称它们是“化石王者”。

三叶虫
（第9页）

## 昆虫类

包括蜻蜓、蝉、蝴蝶、蜜蜂、独角仙等在内的类群。

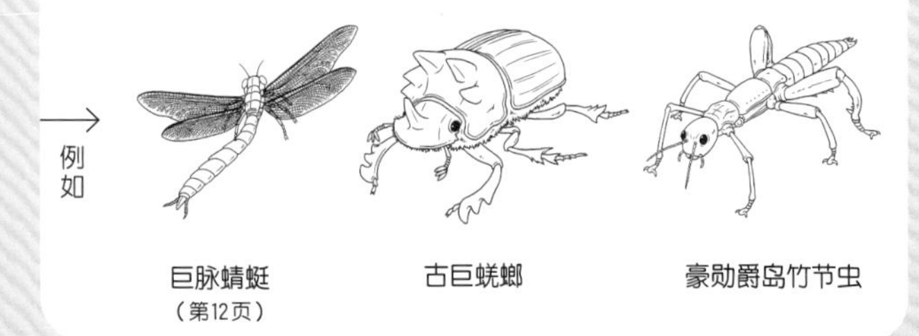


巨脉蜻蜓
（第12页）

古巨蜣螂

豪勋爵岛竹节虫

## 头足类

包括乌贼、章鱼、菊石、鹦鹉螺在内的类群。从广义上讲，属于贝类。

房角石（第8页） 日本菊石 鹦鹉螺

## 盾皮鱼类

已经灭绝的鱼类，头部被一种叫作“盾皮”的“铠甲”包裹着。

邓氏鱼（第10页）

## 软骨鱼类

鲨鱼、鳐鱼、黑线银鲛的近亲。除下颌骨以外的骨头都是软的，很难发现它们全身的化石。

裂口鲨（第11页） 太陆鲨 巨齿鲨

## 爬行类

包括鳄鱼、恐龙、乌龟、蜥蜴、蛇等在内的类群。产下的卵有壳，不怕环境干燥。

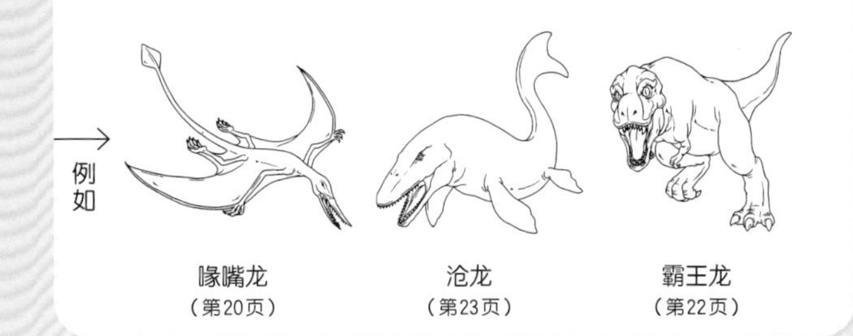


喙嘴龙（第20页） 沧龙（第23页） 霸王龙（第22页）

## 合弓类

从两栖类演化而来，诞生出哺乳类祖先的一个类群。幼崽以卵的形式出生。在中生代灭绝。

长棘龙（第14页） 杯鼻龙 水龙兽（第19页）

## 哺乳类

包括猴子、狗、马、牛、蝙蝠、老鼠、人等在内的类群。通过喂奶养育幼崽。

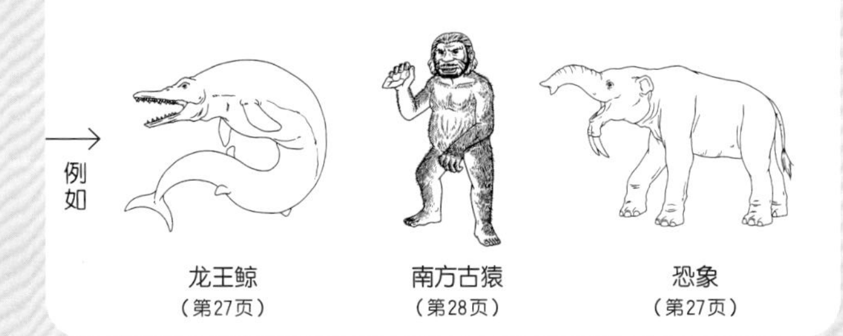


龙王鲸（第27页） 南方古猿（第28页） 恐象（第27页）

**图书在版编目（CIP）数据**

灭绝动物大会：超有趣的动物演化史 /（日）佐藤真规著；（日）植竹阳子，（日）茄子味噌炒绘；李建云译. -- 北京：北京联合出版公司，2024. 12. -- ISBN 978-7-5596-8027-3

Ⅰ. Q95-49

中国国家版本馆CIP数据核字第2024BB6017号



**灭绝动物大会：超有趣的动物演化史**

审　　订：[日] 今泉忠明 丸山贵史
著　　者：[日] 佐藤真规
绘　　者：[日] 茄子味噌炒 植竹阳子
译　　者：李建云
出 品 人：赵红仕
选题策划：北京天略图书有限公司
责任编辑：杨　青
特约编辑：高　英
责任校对：钱凯悦
美术编辑：刘晓红

---

北京联合出版公司出版
（北京市西城区德外大街83号楼9层　100088）
北京联合天畅文化传播公司发行
北京盛通印刷股份有限公司印刷　新华书店经销
字数60千字　889毫米×1194毫米　1/16　3印张
2024年12月第1版　2024年12月第1次印刷
ISBN 978-7-5596-8027-3
定价：58.00元

---

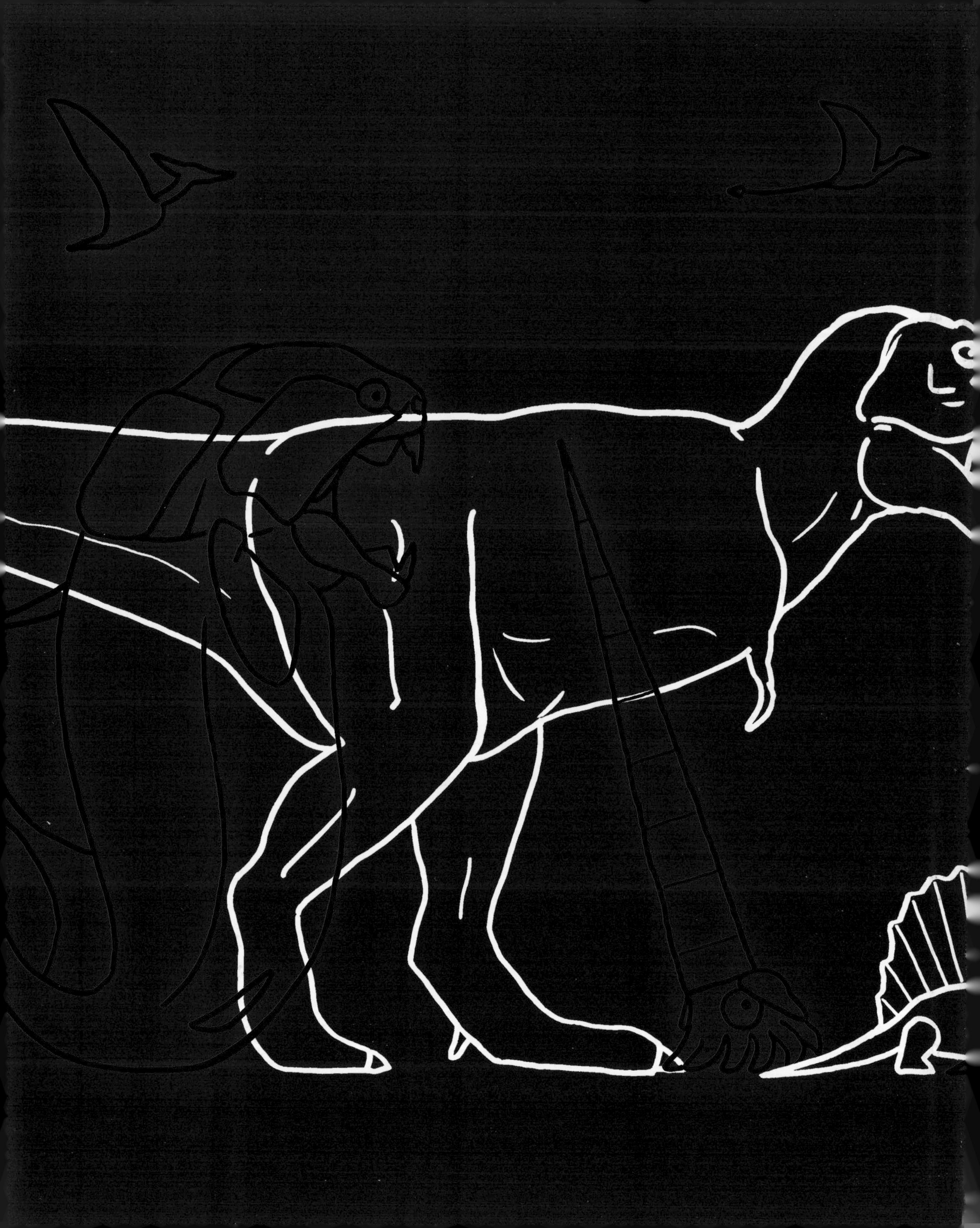